小学童 探索百科博物馆系列

U0181437

长鼻子大象

小学童探索百科编委会·著

探索百科插画组·绘

北京日报出版社

目 录

智慧汉字馆

"象"字的来历 / 汉字小课堂 /4

汉字演变 /5

百科问答馆

大象的身体有什么特点？ /6

现代象是猛犸象的后代吗？它们的祖先也是长鼻子吗？ /8

大象的长鼻子为什么那么灵活？象鼻子是什么时候长出来的？ /10

大象的长鼻子有什么作用呢？用它吸水不会被呛吗？ /12

大象都有长长的象牙吗？象牙如果折断还会再长出来吗？ /14

为什么大象的耳朵这么大？大象为什么老是扑扇着耳朵呢？ /16

大象走起路来是不是很沉重？它们能跑能跳吗？ /18

大象的脚真的能接收到远方的信息吗？ /20

象群是怎么组成的？象群的首领是雄象还是雌象呢？ /22

象宝宝是怎么成长的呢？它们会一直生活在象群中吗？ /24

为什么大象喜欢洗"泥水浴"呢？ /26

大象都喜欢吃些什么东西呢？为什么它们总是在不停地吃呢？ /28

大象是怎么睡觉的？它们会做梦吗？ /30

目前世界上有哪几种大象？ /32

探索新奇馆 神秘的非洲森林象 /34

大象的亲戚海牛家族 /36

文化博物馆 古代战象 /38

热闹的大象节 /40

名诗中的象 /42

名画中的象 /43

成语故事中的象 /44

遨游汉语馆 象的汉语乐园 /46

游戏实验馆 大象耳朵散热小实验 /48

象知识大挑战 /50

词汇表 /51

小小的学童，大大的世界，让我们一起来探索吧！

我们是探索小分队，将陪伴小朋友们
一起踏上探索之旅。

我是爱提问的
汪宝

我是爱动脑筋的
咪宝

我是无所不知的
龙博士

"象"字的来历

　　大象，是现今地球上最大的陆地动物。它们的鼻子长长的，耳朵大大的，再加上一对长长的象牙、巨大的身子和粗壮的四肢，看上去就像一座移动的房子一样。

　　在甲骨文中，"象"字就是一头侧立的大象形象，可以清楚地看出大象的长鼻子、大长牙、大耳朵、厚实的身躯和细长带毛的尾巴。在金文中，"象"字变为四脚着地的象形，更加形象地表现出灵活弯曲的鼻子、向外伸出的长牙、能扇风的耳朵和拱起的脊背，这正是亚洲象的生动写照。后来人们用"象"字来表示形状和样子的意思，于是就有了"形象""气象""现象""想象"等用法。

　　大象虽然身形巨大，但是它们大多脾气温和，相互之间十分友爱，而且也很聪明。现在，世界上的大象有非洲草原象、非洲森林象和亚洲象 3 种，我国只在云南等地还有少量野生的亚洲象。

汉字小课堂

　　在上古时期，我国中原地区的气候温暖潮湿，有很多野生大象生活在这里。河南省的简称"豫"来自古时的豫州，"豫"字的本义就是指体形大的象。后来，中原的气候变得干燥寒冷，象群只好向南方迁移了。中原的古人很少见到活的大象，只能通过死象的骨架来构想出它们的样子，于是"象"字便有了形状和样子的意思。

汉字演变

甲骨文　　　金文　　　小篆　　　隶书　　　楷书

长鼻子，大耳朵，大长牙，还有粗粗的四肢和大大的身体。嘿，我就是大象先生

5

大象的身体有什么特点？

大象身体巨大，皮厚，长着独一无二的长鼻子。成年象几乎没有什么毛发，初生的小象有细密的短毛。非洲象要比亚洲象大很多，体重能达到好几吨。

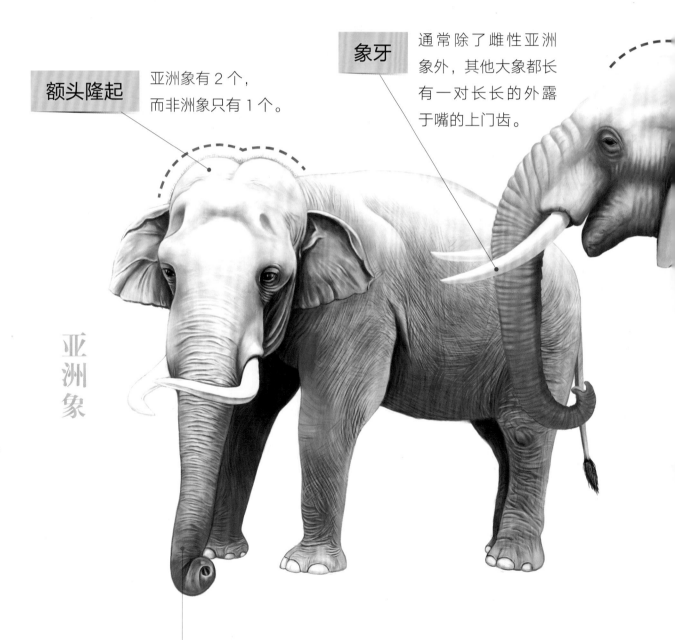

额头隆起 亚洲象有 2 个，而非洲象只有 1 个。

象牙 通常除了雌性亚洲象外，其他大象都长有一对长长的外露于嘴的上门齿。

亚洲象

鼻子 很长，能垂到地上，圆筒状，伸屈自如，鼻尖有指状突起，十分灵巧。

（亚洲象）　（非洲象）

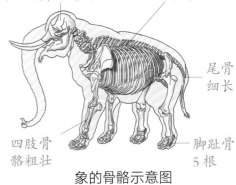

头骨很大，但内部为蜂窝状结构，重量较轻

肋骨组成巨大的胸腔

尾骨细长

四肢骨骼粗壮

脚趾骨5根

象的骨骼示意图

耳朵 像扇子，非洲象的耳朵比亚洲象的大很多，也是散热和驱赶蝇虫的工具。

非洲象

尾巴 尾端有稀疏的长毛，在摆动时能有效地驱赶骚扰它的蝇虻。

四肢 粗壮如圆柱，支撑着巨大的身体，膝关节不能自由屈曲，脚掌前端有趾甲。

现代象是猛犸象的后代吗？它们的祖先也是长鼻子吗？

现代象并不是猛犸象的后代，它们都属于长鼻目家族，是关系很近的兄弟。

大约 6000 万年前出现的原始象（又叫初兽）和 5500 万年前出现的磷灰兽，被认为是长鼻目家族最早的祖先，不过它们的长相一点儿现代象的影子都没有。而生活在大约 4700 万年前的始祖象，曾一度被认为是象类的祖先，但实际上它们只是长鼻目家族的一个分支而已。大约 3500 万年前出现的古乳齿象类从结构上更接近于现代象，它们的鼻子已明显向前延伸，上门齿突出嘴外，四肢粗壮。长鼻目家族以非洲为演化基地，演化出了一代代身形庞大的象类，它们几乎都有长长的鼻子。不过，这些史前巨兽都因气候或环境的变化先后灭绝了，现在只有亚洲象和两种非洲象还生活在地球上。

长鼻目动物的演化概况

原始象

磷灰兽

始祖象

古乳齿象

恐象　始乳齿象　短颌象

猛犸象有一对弯曲威风的大长牙，身上披着能够抵挡风雪的细密的长毛。它们曾经生活在欧亚大陆的北部，以及北美洲北部的草原、森林和寒冷的雪原上，后来因为地球气候的剧烈变化，在 1 万多年前就全部灭绝了。

互菱齿象

嵌齿象（铲齿象）

真象科

剑齿象

剑棱齿象

古菱齿象

亚洲象

猛犸象

非洲象（草原象和森林象）

大象的长鼻子为什么那么灵活? 象鼻子是什么时候长出来的?

大象都有着特别长而灵活的鼻子, 其实这个长鼻子既是上唇, 又是鼻子的延伸, 由超过 4 万块肌肉组成, 其上布满了触须般的毛发, 鼻端有 2 个鼻孔。长鼻子里没有骨头, 在肌肉的控制下可以随意活动, 所以十分灵活。同时, 它还特别强壮有力, 可以将一棵树连根拔起。鼻头处还长有指状突起, 能灵活地捡起一颗小小的花生。

当象宝宝还在妈妈肚子里时, 这个鼻子就已经开始发育了。小象出生时鼻子的长度还相对较短, 而且小象也不太会使用自己的鼻子, 经常被它绊倒, 也不会用它喝水。直到 1 岁左右, 小象才慢慢掌握如何使用这个长鼻子。

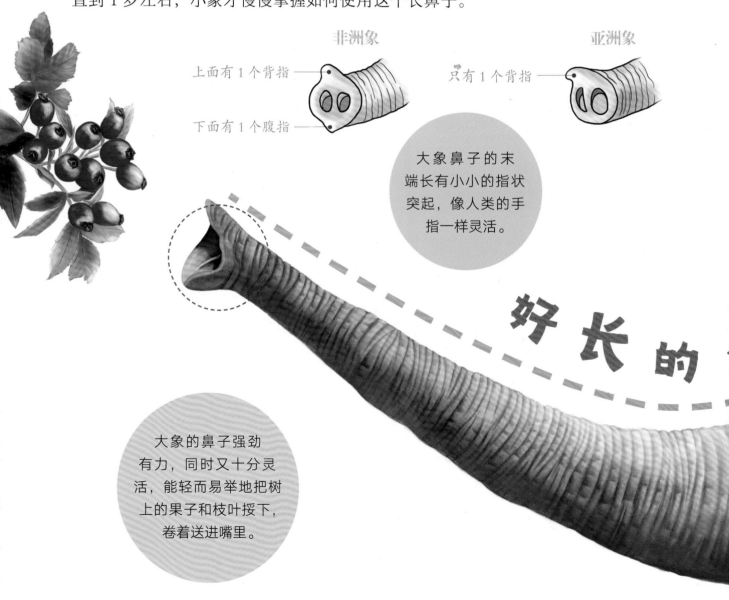

非洲象

上面有 1 个背指

下面有 1 个腹指

亚洲象

只有 1 个背指

大象鼻子的末端长有小小的指状突起, 像人类的手指一样灵活。

大象的鼻子强劲有力, 同时又十分灵活, 能轻而易举地把树上的果子和枝叶捋下, 卷着送进嘴里。

好长的

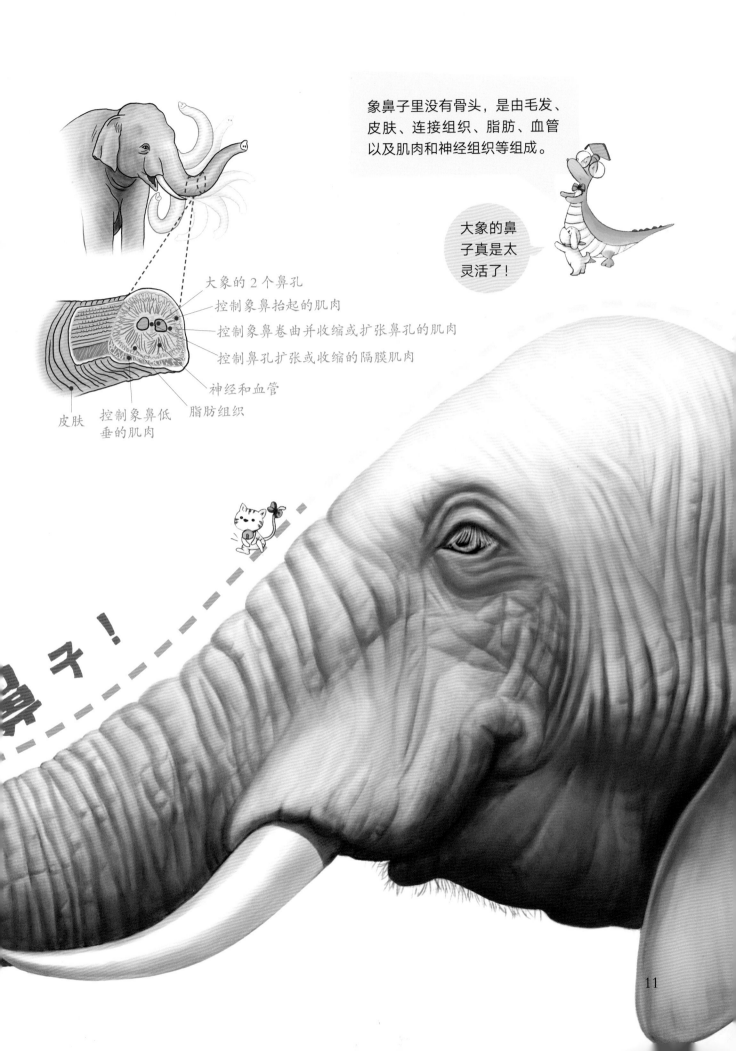

象鼻子里没有骨头，是由毛发、皮肤、连接组织、脂肪、血管以及肌肉和神经组织等组成。

大象的鼻子真是太灵活了！

大象的 2 个鼻孔

控制象鼻抬起的肌肉

控制象鼻卷曲并收缩或扩张鼻孔的肌肉

控制鼻孔扩张或收缩的隔膜肌肉

神经和血管

皮肤

控制象鼻低垂的肌肉

脂肪组织

鼻子！

大象的长鼻子有什么作用呢？用它吸水不会被呛吗？

象鼻子的功能太多了。它不仅可以采摘树叶和果实、拔起地面的鲜草、搬开重物、喝水、喷水洗澡等，还能用来问候同伴、表达情绪、威胁敌人。它不仅发挥着手、鼻子和发声器官的功能，还是大象的超级感受器，能接收各种信息，并能发出响亮的喇

亚洲象被驯服后，可以用鼻子帮助人们干很多重活。

大象用鼻子吸水，再放入口中饮下。

大象用鼻子充当淋浴头，将水喷洒到自己的后背上洗澡。

象妈妈可以用长鼻子拉小象过河。

大象在水中游泳时，鼻子可以充当呼吸管。

叭声来联系同伴，潜水时还可以当呼吸管……

　　象鼻子的鼻腔是直通肺部的，所以大象并不能用鼻子直接喝水。它们会先将水吸进鼻腔里，然后卷起鼻子把水送到嘴里饮下。吸水时，鼻腔后部的软骨会自动封闭气管，防止水进入肺部，这样就不会呛水了。大象一次用鼻子吸水的水量为 6~7 升，有的能达到 10 升左右。

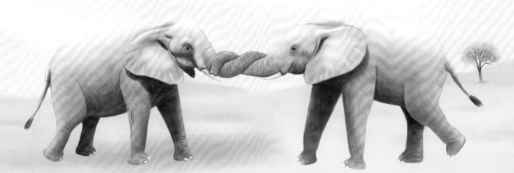

大象用"握鼻礼"来交朋友，也可以用来试探对方的力量。

缺水时，象鼻子可以帮着大象挖洞寻找水源。

大象迎风举起鼻子，可以利用敏锐的嗅觉，探知周围的情况。

象妈妈用鼻子吸取地上的泥尘，给小象洗"尘土浴"。

小象需要通过学习和练习才会用鼻子喝水。在还没学会使用鼻子前，它们都是一头扎进水里，用嘴喝水的。

小象也会用鼻子喝水吗？

13

大象都有长长的象牙吗？象牙如果折断还会再长出来吗？

大象的象牙就是它们的上门齿，但不是所有的大象都有这样一对长长的象牙。雌性亚洲象的象牙就不长，一般不会露出嘴外，而非洲森林象和非洲草原象无论雌雄都有长长的象牙。大象的象牙终生都在生长，雄象的更长、更粗也更重。长长的象牙可以击退敌人，还能挖掘水源、剥下树皮、打架等。当然，有着漂亮象牙的雄象会更受雌象的欢迎。

如果象牙折断了，是无法再重新长出来的。不过，这对大象的生存影响并不是特别大，只是会失去挖掘和剥剖等功能。大象最重要的牙齿是口腔后方用来磨碎食物的臼齿。大象一生中共有24颗臼齿，但这些臼齿并非一齐长出，而是同一时期只有4颗臼齿。随着年龄的增长，大象的臼齿会从上下颌的最里面依次向前生长，新长出的臼齿会把严重磨损的旧臼齿顶出来，使其脱落。大象一生要这样更换6次臼齿，当它们长到60岁左右，便不再换臼齿了。所以，老年大象通常是因为缺少臼齿无法咀嚼进食而饿死的。

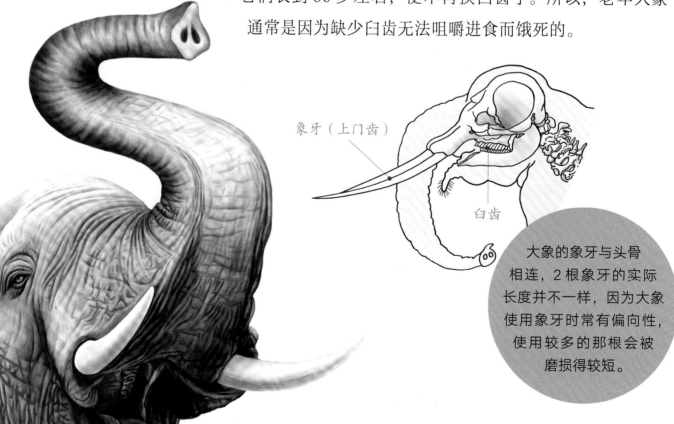

象牙（上门齿）

臼齿

大象的象牙与头骨相连，2根象牙的实际长度并不一样，因为大象使用象牙时常有偏向性，使用较多的那根会被磨损得较短。

长长的象牙其实是和上唇相连的上门齿，由骨质组织构成，非常坚硬。不过，大象咀嚼食物主要靠口腔后方的臼齿。

大象外露于嘴的象牙部分约占整体的三分之二，只有很小一段有牙神经，其他大部分为实心的，即使这部分象牙被磕碰大象也不会疼。

大象象牙的后三分之一部分埋在大象的头骨中，内部为牙髓腔，分布有大量的血管和神经，如果象牙从牙根这里断开，大象会非常痛苦。

雄象用象牙打架。

大象用象牙剥下树皮来吃。

为什么大象的耳朵这么大？大象为什么老是扑扇着耳朵呢？

大象的耳朵虽然是听觉器官，但更重要的作用是用来散热和调节体温。大象的身体十分巨大，体内产生的热量如果不及时散出去，大象就会中暑，甚至死亡。大象耳朵的皮肤下布满大大小小的血管，当血液流过耳部时，会把体内的热量带过来，再通过血管散出体外。大象不停地扑扇耳朵，可以形成小风，能更好地冷却血液，控制体温。同时，不停扇动的大耳朵还能驱赶吸血的蚊虫，必要时还可以张开来对敌人进行威慑。

当遇到狮子等猛兽时，大象会张开大耳朵向它们冲去，在视觉上会对狮子等猛兽形成一种威慑。

真热啊啊啊……

当气温较高时，大象会撑开巨大的耳朵，让血管舒张开来，使血管凸起，散出体内的热量。

调皮的小象在感到得意或开心时，会不停摆动自己的大耳朵。

当早晚温度比较低的时候，大象会把耳朵紧紧地贴在肩上，这样可以减少身体热量的流失。

大象走起路来是不是很沉重？它们能跑能跳吗？

成年大象一般都很重，那么它们走起路来会发出很沉重的脚步声吗？其实不会的，大象走路发出的声音并不大。大象的脚底长着厚厚的肉垫，由富有弹性的脂肪组成，踩在地面上就像踩在软软的海绵上一样，起到了很好的减震和消声作用。另外，因为脂肪肉垫的存在，大象走路时是脚趾先落地，就像芭蕾舞者一样轻盈。

大象是能跑步前进的，只是因为它们块头巨大，所以跑步时四脚几乎不会同时离地，看上去更像是在快走。不过，大象是没办法跳跃的，因为它们实在太重了，骨骼关节也不是十分灵活。哪怕大象只是轻轻一跳，落下时产生的巨大冲击力也会让它们骨折。

非洲草原象

前脚有
4 个趾甲

后脚有
3 个趾甲

亚洲象

前脚有
5 个趾甲

后脚有
4 个趾甲

探索 早知道

野外的大象每天为了寻找食物和水源，会走十几千米甚至几十千米，趾甲磨损得较快，更新得也快，所以一些有害的细菌很难侵入大象的足部。动物园里的大象活动范围小，走路不多，所以需要定期修脚，把过长的趾甲剪去，以免引发足部疾病，危及大象的生命。

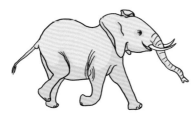

大象跑步时四脚几乎不会同时离地，速度可超过每小时 20 千米，短距离冲锋时可以达到每小时 50 千米。

大象能用后腿站立起来，然后用鼻子摘取树枝上的嫩叶。

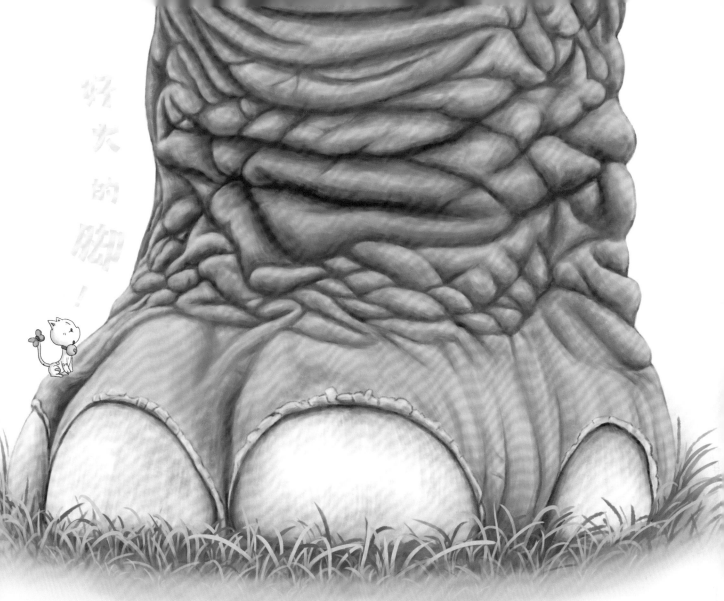

好大的脚!

大象的趾甲是角质化的上皮组织，现存的 3 种大象前后脚的趾甲数目各不相同。大象的脚底有厚厚的脂肪垫，能起到很好的减震作用。由于脂肪垫的存在，大象走路时是脚趾先着地，就像人踮着脚走路一样。

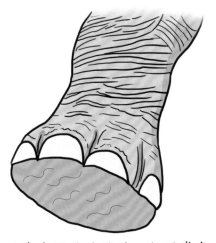

大象的脚底虽然是平的，但因常年走路形成厚厚的茧子，也会有起伏。

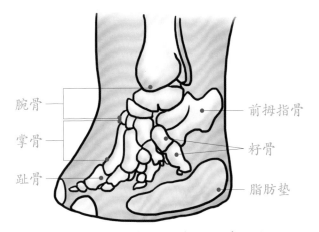

腕骨
掌骨
趾骨
前拇指骨
籽骨
脂肪垫

大象有 5 根脚趾骨，但外露的脚趾数目不同。在后方还有"第六趾"——籽骨，它们能变大变长，起到分担大象体重的作用。

大象的脚真的能接收到远方的信息吗？

　　大象能用长鼻子发出多达 25 种不同的叫声，来和同伴进行沟通或者对敌人发出警告和威吓。另外，它们还会用一种很特殊的交流方式来进行远距离"通讯"。大象能通过喉部发出一种我们人耳听不到的低频次声波。这种声波可以在空气中和地面传播，在不受干扰的情况下，能传送到 10 千米以外的地方！

大象脚底的脂肪垫里有丰富的神经感应细胞，能够接收到 10 千米以外传来的震动波。

有时大象会突然停下活动，象鼻垂至地面，身体前倾，闭上眼睛，这是它们在用脚"聆听"地面传来的震动波呢。

大象还可以通过脚底来接收远方传来的震动波。大象脚掌下的脂肪垫里有丰富的神经感应细胞，当震动波由地面传到大象的脚下时，掌心会首先察觉。这时，大象会身体前倾，使前脚更用力地与地面接触。为了更好地分辨信息，它们甚至还会关闭耳孔，让自己更加专注。脚掌接收到地面的震动波后，信号会通过骨骼传到大象的内耳，大象由此"听"到了远方的消息。

大象次声波传输的距离

收到啦，这就去，等我啊！

雄象大部分时间在离象群很远的地方独自生活，但它们也时刻注意接收象群的信息。在繁殖季节，雌象会发出求偶的次声波，雄象接收到后，会在几天内赶到。它们在途中会时不时停下来，仔细"聆听"一下，以免走错方向。

探索 早知道

有时，遇到紧急情况或者需要超远距离沟通时（比如召唤掉队的同伴），大象会用一起跺脚的方式，发出强大的"轰轰"声，这种声音可传播 30 千米以上！远方的大象用脚掌感知到后，自然就会知道同伴的方位了。

象群是怎么组成的？象群的首领是雄象还是雌象呢？

　　除了成年雄象外，其他大象都生活在象群这个大家庭中，关系亲密，彼此十分忠诚。在象群中，一般年龄最大的雌象担任首领，其他成员大多是它成年的女儿们和未成年的后代，有时首领的姐妹、表姐妹及其后代也会加入。非洲象群的成员平均有20头左右，有时可达30头，而亚洲象群的成员平均有10头左右。

果然找到水源了，不愧是首领。

象群完全听从雌象首领的命令行事，它的经验和记忆一般可以帮助象群顺利找到水源和食物。

象群有着严格的等级划分，体形和年龄最大的雌象处于顶端的领导位置，体形和年龄最小的成员处于底层。象群在采食、洗澡、休息或迁徙时，行动非常统一，都会听从首领的指挥。非洲象群的成员通常会保持在离首领大约 45 米的范围之内活动。一旦发现危险，象群会立即组成防御圈，将小象围在中间；当同伴受伤时，其他的象群成员都会前来救助。象群的这种团结合作让它们在野外得以很好地生存。

大家抓紧时间喝水。

如果群体过于庞大，年轻的雌象会组成新的象群，离开原来的象群，但平时仍会共同行动。有时几个象群聚集起来，能有上百头大象。

象群会分开吗？

象宝宝是怎么成长的呢？它们会一直生活在象群中吗？

象妈妈每隔四五年才会生一次宝宝，每次大多只生一个。象宝宝在妈妈肚子里要待大约 22 个月，出生后，除了妈妈，它们也会得到象群中其他阿姨的精心照顾。不过最初半年，象妈妈会形影不离地跟在小象身边。稍大点儿后，小象会跟在象妈妈身后行动，有时离得较远，象妈妈就会通过气味和叫声跟孩子保持联系。

小象在接下来 8~10 年的时间里，要跟着妈妈学习各种生存知识。小雌象长大后大都会待在同一象群中，少数会离开去组成新的群体。雄性非洲象在 10~14 岁时，会离开象群（雄性亚洲象通常在 6~7 岁），和其他年轻雄象组成临时的小团体一起生活或独自生活。雄性亚洲象一般 20 岁左右身体完全发育成熟，开始为雌性交配权展开激烈竞争，而雄性非洲象通常要到 30 岁左右才算完全发育成熟了。

和我玩嘛……

小非洲象在 6 岁以后，象牙开始长出嘴外，这也是它们成长的标志。

落单的小象常会成为狮子等猛兽的猎物，所以象妈妈不会让小象离开自己的视线。象妈妈会为了保护孩子而毫不畏惧地和这些猛兽开战。

象宝宝出生后，就会本能地用嘴找妈妈的奶吃。它一般要到3岁左右才会断奶。

为什么大象喜欢洗 "泥水浴" 呢?

当天气炎热时,大象喜欢泡在水里给身体降温,不过,它们更喜欢在泥坑里洗个 "泥水浴"。当身上稀泥的水分蒸发时,不仅能将身体的热量带走,而且还能给皮肤裹上一层保护膜。

成年大象的皮肤上几乎无毛,不同部位的皮肤厚度也不一样,皮肤褶 (zhě) 缝等处的皮肤薄,很容易受到吸血蚊虫的攻击,使得大象十分难受。大象洗 "泥水浴",就可以用泥包裹住皮肤褶缝处,防止蚊虫的叮咬。洗完 "泥水浴" 之后,大象还常在树干或石头上摩擦身体,将那些藏在隐秘部位的寄生虫连同泥土一起除掉。有时,大象洗完 "泥水浴",还会用鼻子吸起地上的尘土,再给自己加个 "尘土浴"。这样做,除了进一步保护皮肤,免受过多的太阳照射,还能让身体颜色更接近环境色,更好地保护自己。

真好玩!

大象会用鼻子往身上喷洒泥水，有的还会用鼻子往身上加喷一层尘土，可以有效地防止阳光的照射和蚊虫的叮咬。

大象常在河边用脚踩出泥坑来洗"泥水浴。"

大象在洗过"泥水浴"后，往往还要蹭蹭腿、蹭蹭耳朵，把泥抹均匀。

大象都喜欢吃些什么东西呢？为什么它们总是在不停地吃呢？

大象是素食动物，主要以树木的嫩叶、野果、野草、嫩竹子等为食，也吃树皮、树根、藤条等。

大象身躯庞大，需要的能量也很多，所以每天最重要的事情就是吃饭。它们一天要花 16~20 小时进食，用灵巧的鼻子到处寻找可吃的植物，而且一般都是边走边吃。食物充足时，一头成年象

野生的亚洲象有时会闯进农田，采食农作物。

这些树叶看着真新鲜，看我的后腿站立取食法，厉害吧？

非洲象的食物种类没有亚洲象那样丰富。在旱季为了补充钙质，它们还会采食树皮，也会寻找盐沼或硝塘等，来补充身体所需的盐分、矿物质和微量元素。

一天要吃超过150千克的食物，非洲象有时可以吃进270千克左右。不过，别看大象每天吃那么多，吃到肚子里的食物只有不到一半能被身体吸收，其余的会不经消化就排泄出体外，等于白吃了。为了维持庞大的身体所需的能量和营养，大象只能不停地吃啊吃啊。它们每天要拉大约10次便便，非洲象有时甚至可以达到30次，真是能吃能拉的大家伙啊！

非洲象大都直接将食物放入口中

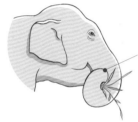

亚洲象则是把食物从嘴巴的左边或右边放入口中

非洲象和亚洲象进食方式不同。

探索 早知道

大象寿命比较长。非洲象能活到60~70岁，亚洲象为65~80岁。象群的关系十分亲密，如果有同伴不幸死去，象群会在它的遗体旁守护几个小时甚至几天，用象鼻不停地抚摸它，来表达哀思。

吃……吃……

据调查，我国亚洲象吃的植物有近300种，种类十分丰富，也包括人类种的庄稼。

大象是怎么睡觉的？它们会做梦吗？

大象每天的睡眠时间大多只有三四个小时。它们和人一样，在午夜之后睡得最沉，中午最热的时候，它们还会补个午觉。象群在感觉安全时，一般会放松地躺下来睡觉，即使睡觉时间较短的非洲象也一样。它们会接二连三卧倒，把腿伸展开，舒服地发出巨大的呼噜声。有时一头大象翻身，其他大象也会跟着翻身，直到大家都安静下来，十分有趣。不过，非洲象在白天打盹时，一般会靠着树站着睡，毕竟这个时候的大草原危机四伏。睡觉时，大象会把长鼻子搭在象牙上，或者将鼻端卷着放进嘴里，轻轻含着，这是为了防止蚊子、蚂蚁等小动物钻进去捣乱。不过，无论什么时候，象

亚洲象喜欢侧躺着睡觉。它们会在阴凉的树荫处休息，把最小的小象围护在中间，这样即使小象不想睡，也没办法到处乱跑乱动。

宝宝都喜欢采用侧卧的方式来睡觉，这样比较舒服。据研究，大象睡觉时也是会做梦的，只是它们的梦境是什么样的，我们就不知道了。

非洲象打盹时大多采用站着睡觉的姿势。

非洲象是睡眠时间最短的哺乳动物，生活在野外的非洲象一天的睡眠时间为两三个小时，有时还能连续两天左右不睡觉。而在动物园中的大象每天可以睡 4~6 个小时。

我一天要睡 10 多个小时。

我想玩，但是它们把我围在中间出不去。唉！

目前世界上有哪几种大象？

非洲草原象：也就是我们常说的非洲象，主要生活在非洲开阔的稀树草原上，目前是世界上体形最大的陆生动物。不论雌雄都长着又长又弯的象牙，耳朵像大扇子。性格较暴躁，会主动攻击其他动物。

耳朵大，耳朵张开后与头部组成了一个倒立的三角形

头顶比较平圆

背部中间略下陷

雌雄都有长而弯的象牙

皮肤粗糙，纹理深

雌象　　　雄象

趾甲的数量一般为前脚 4 个、后脚 3 个

3 种象的大小比较

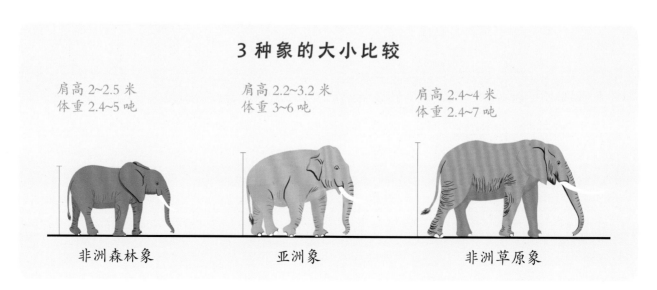

肩高 2~2.5 米
体重 2.4~5 吨

肩高 2.2~3.2 米
体重 3~6 吨

肩高 2.4~4 米
体重 2.4~7 吨

非洲森林象　　　亚洲象　　　非洲草原象

非洲森林象：又叫圆耳象，主要生活在非洲刚果盆地的热带雨林中，耳朵较圆，是现今体形最小的一种象。雌雄都有外露于嘴的象牙，但为了适应丛林生活，象牙长势向下且较直。肤色偏深。

耳朵较圆，大而有力

雌雄都有象牙，象牙较为笔直，偏黄色

近似非洲草原象，但体形较小

雌象　　　　　雄象

趾甲的数量一般为前脚 5 个、后脚 4 个

亚洲象：主要分布于中国云南、南亚和东南亚地区的丛林地带。大脑门中间有凹陷，形成 2 个隆起，耳朵较软较小，上面有褶皱。

额头有 2 个隆起

耳朵较小，常贴在头部两侧

背拱形，中间不下陷

雌象的象牙短，一般不突出于口外

皮肤较光滑，纹路浅

雌象　　　　　雄象

雄象的象牙长且向上弯曲

趾甲的数量一般为前脚 5 个、后脚 4 个

神秘的非洲 森林象

小朋友们好，我是森林象。我和我的家人们一起生活在非洲西部的热带森林中，平时很少有人能看到我们。

耳朵大而圆

身材较小

象牙较直，偏黄色

肤色偏深

肩高 2~2.5 米
体重 2.4~5 吨

非洲森林象在林中穿行时，庞大的身躯会开出一条条道路。这些道路最终都通向林缘开阔地带的水塘，那里也是它们"吃土"、游戏和社交的场所，被称为"大象广场"。

我们是现存3种大象中个头最小的，耳朵比较圆，所以也被叫作圆耳象。我们和非洲草原象一样，雌雄象都有长长的象牙。不过，我们的象牙不是很弯，还呈黄色。我们整天在茂密的森林中钻来钻去，如果象牙像草原象那样又弯又长，就会时不时被植物绊住，很不方便行走。

我们每天跟着雌象首领在密林中穿行，以果实、种子、树叶和树皮为食。我们会跑到开阔地的水塘边和其他象群聚会，一起戏水，一起挖塘泥吃来补充矿物质。不过，由于森林被破坏，加上人们为了得到我们的象牙而不停地猎杀，我们的数量越来越少，你们可要帮助我们呀！

雄性非洲森林象平时独自生活，只在繁殖期才会去寻找象群。

雌象带着小象一起在水塘里挖塘泥吃。象妈妈大约要过4年才会怀上另一个宝宝，在象宝宝出生后的头5年里，象妈妈会一直守护着它们成长。

探索 早知道

生活在马来半岛东南部婆罗洲的侏儒 (zhū rú) 象，以前一直被认为是亚洲象的一个亚种，但现在有研究者认为它们可能是独立的一个种。它们的体形要比亚洲象小，面孔看起来很像亚洲象的幼象。因为它们性格十分温驯，所以有人认为它们是驯养的亚洲象放养的后代，后来人们通过基因检测发现它们和亚洲象有明显的不同。有研究者根据考古学证据认为它们更接近已经灭绝的爪哇侏儒象。据记载，早在18世纪，爪哇国曾将爪哇侏儒象送给菲律宾苏禄统治者，而后者将爪哇侏儒象遗弃在婆罗洲岛。所以，爪哇侏儒象有可能就是婆罗洲侏儒象种群最早的来源。

我们自成一派……

大象的亲戚 海牛家族

大家好，我是海牛。我和牛可没什么关系，同大象倒是远亲，因为我们的祖先是一样的。我们海牛目这一家族不大，只有3种海牛（美洲海牛、亚马孙海牛和非洲海牛）和一种儒艮(gèn)。我们大部分住在靠近陆地的大海里，一小部分生活在淡水河流中。我们有着扁扁的前鳍(qí)，没有后肢，尾巴进化成尾鳍；身材胖胖的，眼睛小小的，耳朵从外面看就是一个小洞，平时游起来很慢，有点笨笨的样子。

我们也是用肺呼吸的，除了每隔几分钟要浮出水面换一次气，平时都在水下活动。不像大鲸鱼那样以水中的鱼虾为生，我们只喜欢吃海底的水草，是脾气很好、害羞胆小的食草动物。不过，也正因为如此，我们被人类不断地猎杀，数量已经很少了。

食谱

凤眼莲 海藻 红树的叶子

海牛宝宝正在吃奶，它们会跟在妈妈身边至少2年，
学习各种生存技巧。

大家好啊！

海牛的眼睛很小，视力很差，主要利用口鼻上的触须来觅食。不过，它们在水中的听力非常好，彼此会发出"吱吱"声来沟通。海牛常常10多只组成团体一起活动，还常用摩擦口鼻部的方式来增进感情。

食谱

海藻

儒艮也能结群生活，但平时更喜欢独自行动。看，它正在用宽大有力的嘴唇在海底采食海藻呢。

海牛和儒艮的区别

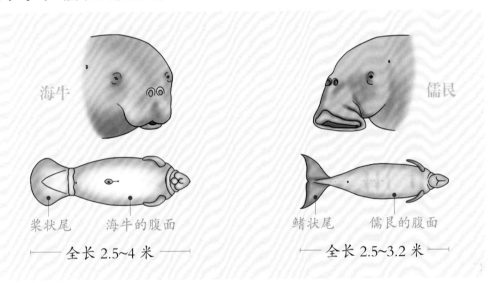

海牛

桨状尾　　海牛的腹面

—— 全长 2.5~4 米 ——

儒艮

鳍状尾　　儒艮的腹面

—— 全长 2.5~3.2 米 ——

儒艮是传说中美人鱼的原型。

是的。生了宝宝后的儒艮妈妈有时会用两个鳍状前肢挟着孩子直立在海面上喂奶，远远看上去就像是人一样。

原来传说中美人鱼的原型是儒艮啊！

37

古代 战象

　　大象体形庞大，力大无穷，很早就引起了人类的兴趣。在远古时期，人类猎杀大象主要是为了吃肉，后来发现可以把大象驯化来帮助运输和作战。

　　我国在很早的时候，中原地区也生活着很多大象。商周时期就有了利用大象作战的记录，春秋时期楚国还用战象与吴国打过仗。只是，最终因为气候的变化，大象南迁，战象也只在西南地区有所应用，但数量有限，最终也被淘汰了。印度因为是亚洲象的主要栖息地，所以那里的人早在 4000 年前就开始驯化大象，3000 多年前就开始用大象作战了。传说孔雀王朝的阿育王就拥有多达 9000 头战象。

　　在古代战场上，高大威猛的战象就像"原始坦克"一样横冲直撞，能吓得敌人胆战心惊。士兵们坐在象背上，视野开阔，从上往下扎矛射箭，很占优势。大象自身蛮力十足，不仅可以运输重型攻城武器，还可以轻易破坏敌人的阵地，披着重甲的战象

甚至可以直接撞开敌方的城门。不过，战象毕竟是容易受惊的动物，又怕火，一旦受惊便会发狂，见谁都会攻击，根本不分敌我。而且它们身体过于庞大，容易成为敌人集中攻击的目标，所以当火枪、火炮等兵器普及后，战象就被彻底淘汰了。

热闹的 大象节

性情温驯的亚洲象被人驯化后，可以帮助人们进行劳动和运输，所以，在东南亚地区和印度等国，大象有着很重要的地位，也享有自己的节日。其中，泰国素辇府大象节和印度斋普尔大象节非常有名。

一、泰国素辇府大象节

泰国有"象之国"的称号，大象不仅是人们生活中的好帮手，还曾经在战场上和人们一起抵御外敌、保卫国家，立下了很大的功劳，所以，大象被视为泰国的国宝和吉祥物。泰国东北部的素辇府在古时就是训练大象作战和运输的地方，有"象之乡"的美誉。自1960年起，每年11月的第三个周末，这里都会举办传统的大象节，以感谢大象的贡献。参加庆典的大象们有老有少，被洗得干干净净，身披彩带，参加展示和游行。它们享受水果美食，参加传统祈福仪式，进行各种表演和比赛，如踢足球、人象拔河、拾物比赛、障碍赛跑以及古代战象表演等。它们和四方来宾共同欢度节日，人象同乐，气氛热烈。

为了更好地保护泰国野生大象，泰国政府从1998年起，将每年的3月13日定为"大象节"，希望唤起民众保护大象的意识，并更好地将大象文化传承下去。

这些大象脾气真好呀！

你们这一年辛苦啦，多吃些水果吧！

为了呼吁世界民众关注和保护大象及其栖息地，相关组织设立了"世界大象日"，定在每年的8月12日。

记住了，8月12日。

二、印度的大象节

　　每年 2~3 月，在印度的重要节日"洒红节"（相当于我们的春节）前夕会举行斋普尔大象节。 在古代，大象是斋普尔王公权威和礼仪的象征。所以，斋普尔大象节充满奢华的皇家风范，也可以说是大象的选美比赛。参加庆典的每一头大象都被打扮得十分漂亮，它们的头、身体、四肢、长鼻子上都被涂上炫目独特的图案，额头上戴着华丽的饰物，身上披着色彩斑斓的彩缎。 每一头大象都有自己的专属造型，非常气派。它们和主人一起参加盛大的巡游，向众人展示自己的美丽，并争夺"最美大象"的称号。

名诗中的象

海人谣

唐·王建

hǎi rén wú jiā hǎi lǐ zhù
海人无家海里住，→ 指潜到海底采珍珠的劳动者，他们长期住在船上。

cǎi zhū yì xiàng wéi suì fù
采珠役象为岁赋。→ 南方用大象当运输工具。一作"杀象"，指杀象取象牙上贡。

è bō héng tiān shān sāi lù
恶波横天山塞路，→ 险恶的波涛。

wèi yāng gōng zhōng cháng mǎn kù
未央宫中常满库。→ 原是西汉长安皇宫，这里指唐代皇宫。

译文 海人没有固定的家，天天只能住在海船上。他们每天都要潜到海底去采珍珠，然后再用大象运去缴纳赋税（另一说法是杀象取象牙去纳赋税）。险恶的波浪翻涌连天，道路又被高山阻塞。珍珠（象牙）却堆满了皇宫中的库房。

诗意 诗人在这首诗中，通过鲜明的对比，揭示了在封建统治者的横征暴敛下，劳动人民的苦难生活：一边是偏远海岛上的海人们没有固定的家，住在海船上，天天不辞劳苦、不顾生死地下海采珍珠交赋税，另一边是统治者的奢华生活，珍珠、象牙堆满了皇宫库房。

名画 中的象

《乾隆皇帝洗象图》

清·丁观鹏

这幅画描绘了清朝乾隆皇帝（爱新觉罗·弘历）平时行乐的一个场面。画中乾隆皇帝扮作佛教中的普贤菩萨，正在观看众人洗刷菩萨的坐骑——白象。

画中，几位僧侣仆人正用扫把洗刷一头白象，准备搭上红色锦垫供皇帝骑用。

乾隆皇帝扮作佛教中的普贤菩萨（坐骑就是白象），其周围立有略带夸张变形的玉女、金童、天王等人物。

两个僧侣正在传递经书，准备献给皇上。

立轴　纸本　纵 132.3 厘米　横 62.5 厘米
现藏北京故宫博物院

成语故事中的象

盲人摸象

在佛教经书《起世经》卷五中，记载了佛祖给弟子们讲的一个故事：从前，有一个国王，名叫镜面王。有一天，他心血来潮，想找点乐子，于是贴出告示，把国内天生眼盲的男性都召集到宫中来。众盲人来到后，国王问他们是否知道大象的样子，盲人们都说不知道。国王又问他们想不想知道，盲人们都说想。于是国王命象师从象厩中带来一头大象，并安置在众盲人面前。象师告诉他们这就是象，盲人们便都伸手去摸。随后，象师让他们一个个向国王描述大象的样子。摸到象鼻子的盲人说大象长得像粗绳，摸到象牙的说像橛，摸到耳朵的说像簸箕，摸到头的说像大瓮，摸到背的说像屋脊，摸到胁的说像竹篾做的谷囤，摸到脚的说像石臼……

每个盲人都认为自己说的才是大象真正的样子，别人说得都不对。他们吵吵嚷嚷，争论不休，甚至互相指责、叫骂起来，国王见此情景，不由哈哈大笑起来。

故事小启示

人们常用"盲人摸象"来比喻对事物了解不全面，以偏概全，乱加揣测。我们要全面看待事物或问题，这样才能了解其真实情况。

曹冲称象

东汉末年，东吴的孙权给丞相曹操送了一头大象。当时，北方很少能见到大象，所以人们看到这样一个庞然大物都十分好奇。曹操想知道这头大象到底有多重，可是这让手下的人都犯难了，因为大象实在太重、太大了，根本就找不出这么大的秤来给它称重。

曹操的儿子曹冲当时只有五六岁，但天资聪颖，智力和成人相比一点儿不差。他出了一个主意："我们可以先把大象放在一艘大船上，在大船的船身上刻下吃水的深度。然后牵走大象，再把别的物品装上船去，一直到船的吃水深度和刻痕相平为止。用秤称出这些物品的重量，就可以知道大象的重量了。"曹操听了十分高兴，马上命人照办，很快就得出了大象的重量。人们都惊叹于曹冲的聪明，可惜他仅仅十三岁就病故了。

故事小启示

小曹冲是不是很聪明啊？小朋友们也要像他一样，遇到问题时要勤思考、多动脑，这样才能找出合适的解决办法。

 学说词组

象

qí
棋

中国传统棋种，定型于北宋末年至南宋初期。两人对局，各有十六个棋子，以把对方帅（将）杀死或对方认输为胜，不分胜负为和。

xíng
形

象其形，指汉字造字的基本方法之一。

zhēng
征

用具体事物表现某些抽象意义，也指用来表示特殊意义的具体事物。

xiàn
现

事物在发展、变化中所表现出来的外部形态。

jǐng
景

指景色，也指状况，还可以指迹象，等等。

qì
气

气候和天象，多指大气的状态和现象；也可以指事情的态势、景象等。

xíng
形

指具体的形状、外貌，也指人的总体印象，也形容表达具体生动。

 学说成语

wàn xiàng gēng xīn
万象更新
事物或景象改换了样子，出现了一番新气象。

máng rén mō xiàng
盲人摸象
比喻看待事物或问题很片面，以偏概全。

qì xiàng wàn qiān
气象万千
形容景象或事物壮丽而多变化。

xiǎn xiàng huán shēng
险象环生
形容危险的局面不断产生。

貔能杀虎，鼠可灭象

比老虎弱小的貔狼抱成团能杀死老虎，小小的老鼠可以杀死大象。比喻实力弱小者也可以战胜强大者。

南人不梦驼，北人不梦象

南方人不会梦到北方的骆驼，北方人也不会梦到只在南方才有的大象。指人梦到的东西不会脱离个人的生活经历。

看，大象也怕我这小小的老鼠。

大象的鼻子——能屈能伸

指人在失意时能委屈忍耐，在得意时能施展才能和抱负。

蛇吞象——好大的胃口

胃口：本指食欲，后指欲望。比喻某人欲望很大。

羊群里的象——突出

大象在低矮的羊群里显得格外高大和明显。比喻超过一般地显露出来。

真好笑！你也不看看你多大个儿！

我要吞了这头大象。

大象耳朵 散热小实验

生活在非洲的大象有着一对大扇子一样的耳朵，平时还来回不停地扇动着。我们知道，非洲热带草原和雨林中的天气十分炎热，大象的身体又十分巨大，体内的热量如果不及时散出去，它们就会中暑生病，而大象的大耳朵就起着降温散热的作用。现在，我们做个小实验，看看大象的耳朵为什么能散热吧。

实验材料

一个保温杯　　两个小杯子　　一个盘子　　量杯　　一把小扇子

实验一

1. 用量杯量取同样温度、同样多的温水（稍烫手就可以），分别倒入保温杯和盘子里。

2. 将保温杯和盘子都放在同一个地方，如同一张桌子上，不要离得太远。

3. 等半个小时左右，可以用手指试试看哪个容器中的水更凉一些。如果家里有温度计，也可以直接测测，看哪个水温高，哪个水温低。

实验二

1. 现在，在两个小杯子中倒入同样多、同样温度的温水。

2. 把小杯子都放在桌上，用小扇子对着其中一个小杯子扇风，注意不要扇到另一个哦。

3. 过一段时间，把手指伸入两杯水中，看看两个小杯子中的水温有没有差别。

实验结论

在实验一中我们是不是发现盘子里的水要比保温杯里的水温度低呀？这是因为盘子里的水能接触到空气的面积大，热量能很快地散入空气中，水就凉得快；而保温杯的杯身不散热，热量只能通过小小的杯口散出去，所以水就凉得慢。同理，大象的耳朵越大，血管中血液与外界空气接触的面积就越大，热量就能更好地散出去。

在实验二中我们会发现被扇子扇的那个杯子里的热水要凉得更快一些。这是因为扇子能使空气流动起来，形成小风，能更好地带走热量，这也是大象总是扇动着大耳朵的原因。

象 *知识* 大挑战

1 大象的一对象牙如果折断了，将（　　　）。

   A.会重新长出来　　　B.不会再长出来了　　　C.会让大象饿死

2 大象渴了的时候，会用鼻子（　　　）。

   A.吸水，然后放入口中咽下　　　B.直接吸水喝

3 非洲象的耳朵那么大，主要的功能是用来（　　　）。

   A.驱赶蚊虫　　　B.收集各种声音　　　C.散热

4 大象的身体十分庞大沉重，走路时声音却不大，是因为（　　　）。

   A.它们的脚底有厚厚的脂肪层　　　B.它们专挑软的地方走路

5 大象的皮肤容易被晒伤，它们常通过（　　　）来防晒。

   A.躲在树下　　　B.洗"泥水浴"　　　C.扇动大耳朵

6 象群的首领通常是（　　　），其余大象都听从它的命令。

   A.年轻活泼的雌象　　　B.成年威武的雄象　　　C.最年长的雌象

1 B　2 A　3 C　4 A　5 B　6 C

象知识大挑战答案

词汇表

门齿（ménchǐ） 又称门牙，是人和一些动物口腔上下颌前方中央部位的牙齿，主要用来切断食物，大象的上门齿演化为大长牙。

软骨（ruǎngǔ） 柔软而有弹性的骨头，能承受压力和摩擦，起到支撑和联结作用，如人的鼻尖、外耳等处有软骨。

臼齿（jiùchǐ） 又称槽牙，是位于口腔后方两侧的牙齿，很适合磨碎食物。

通讯（tōngxùn） 通过一些工具和设备（如电子产品）来进行联系和传递消息。

次声波（cìshēngbō） 声音是以波的形式传播的，其中低于人耳能听到的最低频率的声波，就叫次声波。虽然人耳听不到，但是次声波能产生震动。

首领（shǒulǐng） 本义指头和脖子。用来比喻一群人或动物中的领头者或领导者。

等级（děngjí） 按照地位、水平、程度等不同而划分出的高下不同的级别。

环境色（huánjìngsè） 这里指在太阳光（或灯光）的照射下，周围场地和植物等所呈现出的色彩。

摩擦（mócā） 这里指物体和物体紧密接触并来回移动。

素食动物（sùshí dòngwù） 指不吃肉，以植物为食物的动物，比如牛、马、羊、兔、骆驼、鹿等，也叫植食性动物或食草动物，它们是食肉动物的猎物。

稀树草原（xīshù cǎoyuán） 植被类型之一。在一些气候炎热、干旱地区的草原上，虽然长着树木，但比较稀疏，不像真正的森林那样浓密，也不像真正的草原那样没有树，所以叫稀树草原。

陆生动物（lùshēng dòngwù） 指在陆地上生活的动物，也包括在地下生活的动物。大多都需要呼吸空气才能存活。

热带雨林（rèdài yǔlín） 主要是位于赤道附近热带地区的森林群落，那里气候炎热，降水量大，没有明显的季节变化，植物也是四季常绿。

褶皱（zhězhòu） 指皮肤、衣服等因为收缩、折叠挤压形成的皱纹一样的痕迹。

图书在版编目（CIP）数据

长鼻子大象 / 小学童探索百科编委会著；探索百科插
画组绘 . -- 北京：北京日报出版社，2023.8
（小学童 . 探索百科博物馆系列）
ISBN 978-7-5477-4410-9

Ⅰ . ①长… Ⅱ . ①小… ②探… Ⅲ . ①长鼻目—儿童读物
Ⅳ . ① Q959.845-49

中国版本图书馆 CIP 数据核字 (2022) 第 192911 号

长鼻子大象
小学童 . 探索百科博物馆系列

出版发行：北京日报出版社
地　　址：北京市东城区东单三条 8-16 号 东方广场东配楼四层
邮　　编：100005
电　　话：发行部：（010）65255876
　　　　　总编室：（010）65252135
印　　刷：天津创先河普业印刷有限公司
经　　销：各地新华书店
版　　次：2023 年 8 月第 1 版
　　　　　2023 年 8 月第 1 次印刷
开　　本：889 毫米 ×1194 毫米　1/16
总 印 张：36
总 字 数：529 千字
定　　价：498.00 元（全 10 册）